350 ejercicios
de restas con llevadas para
2º de Primaria

I

Proyecto Aristóteles

Copyright © 2014 Proyecto Aristóteles

Todos los derechos reservados.

Quedan prohibidos, dentro de los límites establecidos en la ley y bajo los apercibimientos legalmente previstos, la preproducción total o parcial de esta obra por cualquier medio o procedimiento, ya sea electrónico o mecánico, el tratamiento informático, el alquiler o cualquier otra forma de cesión de la obra sin la autorización previa y por escrito de los titulares del copyright.

ISBN: 1495426300
ISBN-13: 978-1495426308

A Raquel.

CONTENIDOS

Para comenzar   i

1   Ejercicios   1

PARA COMENZAR

El blasón del Proyecto Aristóteles es el proverbio *usus, magíster egregius* (la práctica es el mejor maestro). El dominio de cualquier disciplina, incluidas las matemáticas, sólo puede adquirirse a través del ejercicio variado y constante. Éste es el motivo por el cual presentamos nuestra serie especial de ejercicios para Segundo de Primaria. El presente volumen está dedicado a ejercitar el conocimiento de las restas, la escritura de números, el redondeo a la decena y la centena, series de restas, operaciones con incógnitas, cálculo mental rápido.

Resta con llevadas.

```
  452      373      484      365      393
- 213    - 224    - 255    - 217    - 269
 ____     ____     ____     ____     ____
```

Escribe con palabras el número anterior y posterior.

Cuatrocientos diecisiete | 418 |
_____ | 415 | _____
_____ | 431 | _____
_____ | 482 | _____

Redondeo. La decena.

Para redondear un número a la decena debemos buscar la decena completa más próxima a la que se encuentra.

Por ejemplo: 37

30 31 32 33 34 35 36 37 38 39 40

La decena completa más próxima al número 37 es 40.

Completa.

12 redondeado a la decena es ………   43 redondeado a la decena es ………

28 redondeado a la decena es ………   76 redondeado a la decena es ………

Resta con llevadas.

```
  34      53      84      75      82
- 16    - 27    - 56    - 49    - 17
----    ----    ----    ----    ----

  73      62      84      95      93
- 46    - 28    - 27    - 59    - 69
----    ----    ----    ----    ----
```

Completa las series.

32	29						
48	46						
62	57						

Completa.

5 decenas son [50] unidades.

2 decenas son [ ] unidades.

[ ] decenas son 30 unidades.

[ ] decenas son 80 unidades.

Completa.

Centenas	Decenas	Unidades

146

Centenas	Decenas	Unidades

587

Centenas	Decenas	Unidades

243

Calcula y completa.

85 - ☐ = 46
73 - ☐ = 68

☐ - 3 = 73
☐ - 6 = 21

94 - ☐ = 61
82 - ☐ = 53

☐ - 5 = 30
☐ - 4 = 24

Resta con llevadas.

```
  483      361      354      485      492
- 246    - 125    - 228    - 239    - 346
-----    -----    -----    -----    -----
```

Escribe con palabras el número anterior y posterior.

419

436

412

493

Redondeo. La decena.

Completa.

47 redondeado a la decena es ....   62 redondeado a la decena es ....

93 redondeado a la decena es ....   79 redondeado a la decena es ....

56 redondeado a la decena es ....   13 redondeado a la decena es ....

34 redondeado a la decena es ....   24 redondeado a la decena es ....

Resta con llevadas.

```
  95      73      81      85      93
- 28    - 35    - 56    - 48    - 27
----    ----    ----    ----    ----

  73      41      64      95      85
- 26    - 25    - 58    - 66    - 79
----    ----    ----    ----    ----
```

Completa las series.

57	55					
81	79					
49	32					

Completa.

6 decenas son ☐ unidades.

4 decenas son ☐ unidades.

☐ decenas son 10 unidades.

☐ decenas son 50 unidades.

Completa.

Centenas	Decenas	Unidades

325

Centenas	Decenas	Unidades

751

Centenas	Decenas	Unidades

247

Calcula y completa.

64 - ☐ = 56   ☐ - 3 = 73
27 - ☐ = 19   ☐ - 5 = 15

85 - ☐ = 75   ☐ - 9 = 21
52 - ☐ = 46   ☐ - 3 = 17

Resta con llevadas.

```
  594        452        365        473        582
- 266      - 245      - 138      - 248      - 225
-----      -----      -----      -----      -----
```

Escribe con palabras el número anterior y posterior.

| 420 |
| 326 |
| 252 |
| 464 |

Redondeo. La decena.

Completa.

58 redondeado a la decena es ....

76 redondeado a la decena es ....

82 redondeado a la decena es ....

68 redondeado a la decena es ....

64 redondeado a la decena es ....

21 redondeado a la decena es ....

23 redondeado a la decena es ....

15 redondeado a la decena es ....

Resta con llevadas.

```
  93      53      61      74      84
- 67    - 46    - 33    - 49    - 26
----    ----    ----    ----    ----
```

```
  75      44      64      88      92
- 27    - 16    - 39    - 49    - 76
----    ----    ----    ----    ----
```

Completa las series.

45	38						
65	56						
31	28						

Completa.

3 decenas son ☐ unidades.

6 decenas son ☐ unidades.

☐ decenas son 20 unidades.

☐ decenas son 70 unidades.

Completa.

Centenas	Decenas	Unidades

645

Centenas	Decenas	Unidades

387

Centenas	Decenas	Unidades

213

Calcula y completa.

75 - ☐ = 66
42 - ☐ = 34

96 - ☐ = 81
63 - ☐ = 53

☐ - 5 = 42
☐ - 3 = 77

☐ - 4 = 34
☐ - 2 = 58

Resta con llevadas.

```
  474        542        367        576        591
- 226      - 115      - 238      - 249      - 473
-----      -----      -----      -----      -----
```

Escribe con palabras el número anterior y posterior.

	321	
	417	
	215	
	424	

Redondeo. La centena.

Para redondear un número a la centena debemos buscar la centena completa más próxima a la que se encuentra.

Por ejemplo: **120**

100 110 **120** 130 140 150 160 170 180 190 200

La centena completa más próxima al número 120 es 100.

Completa.

540 redondeado a la centena es ….. 		380 redondeado a la centena es …..

710 redondeado a la centena es ….. 		270 redondeado a la centena es …..

Resta con llevadas.

```
  53      72      84      61      92
- 34    - 26    - 57    - 29    - 64
____    ____    ____    ____    ____

  84      61      54      85      92
- 47    - 28    - 26    - 46    - 59
____    ____    ____    ____    ____
```

Completa las series.

42, 38, __, __, __, __, __, __

61, 59, __, __, __, __, __, __

34, 26, __, __, __, __, __, __

Escribe un número menor que 30 y mayor que 20, en el cual la cifra de las unidades sea 7.

Resta al número obtenido 2.

Resta al número obtenido 3.

Completa.

CENTENAS	DECENAS	UNIDADES

186

CENTENAS	DECENAS	UNIDADES

437

CENTENAS	DECENAS	UNIDADES

523

Calcula y completa.

42 - ☐ = 32
63 - ☐ = 56

85 - ☐ = 75
72 - ☐ = 65

☐ - 2 = 43
☐ - 4 = 80

☐ - 6 = 21
☐ - 4 = 36

Resta con llevadas.

```
  581        664        452        684        595
- 346      - 225      - 328      - 139      - 248
 ────       ────       ────       ────       ────
```

Escribe con palabras el número anterior y posterior.

422

316

219

414

Redondeo. La centena.

Completa.

580 redondeado a la centena es ……

820 redondeado a la centena es ……

440 redondeado a la centena es ……

930 redondeado a la centena es ……

760 redondeado a la centena es ……

610 redondeado a la centena es ……

290 redondeado a la centena es ……

170 redondeado a la centena es ……

Resta con llevadas.

```
  42     83     94     75     53
- 23   - 54   - 75   - 17   - 29
────   ────   ────   ────   ────

  81     64     52     84     95
- 46   - 25   - 28   - 39   - 48
────   ────   ────   ────   ────
```

Completa las series.

43	37					
55	49					
64	53					

Escribe un número menor que 55 y mayor que 45, en el cual la cifra de las unidades sea 8.

Resta al número obtenido 5.

Suma al número obtenido 3.

Completa.

Centenas	Decenas	Unidades

235

Centenas	Decenas	Unidades

407

Centenas	Decenas	Unidades

643

Calcula y completa.

43 - ☐ = 28
56 - ☐ = 39

34 - ☐ = 19
85 - ☐ = 78

☐ - 3 = 64
☐ - 5 = 32

☐ - 9 = 80
☐ - 3 = 22

Resta con llevadas.

```
  672      484      663      495      388
- 536    - 245    - 347    - 138    - 329
-----    -----    -----    -----    -----
```

Escribe con palabras el número anterior y posterior.

476

323

419

113

Redondeo. La centena.

Completa.

330 redondeado a la centena es ....   480 redondeado a la centena es .....

510 redondeado a la centena es ....   720 redondeado a la centena es .....

860 redondeado a la centena es ......   630 redondeado a la centena es .....

240 redondeado a la centena es ......   490 redondeado a la centena es .....

Resta con llevadas.

```
 72     84     63     95     88
-36    -45    -47    -38    -29
___    ___    ___    ___    ___

 53     36     63     94     76
-28    -15    -38    -27    -39
___    ___    ___    ___    ___
```

Completa las series.

35	44	63
32	41	58

Escribe un número menor que 60 y mayor que 50, en el cual la cifra de las unidades sea 7.

Resta al número obtenido 10.

Suma al número obtenido 5.

Completa.

Centenas	Decenas	Unidades

146

Centenas	Decenas	Unidades

587

Centenas	Decenas	Unidades

243

Calcula y completa.

37 - ☐ = 29
56 - ☐ = 48

64 - ☐ = 57
72 - ☐ = 67

☐ - 2 = 56
☐ - 3 = 45

☐ - 4 = 22
☐ - 5 = 73

Resta con llevadas.

```
  553      636      363      694      476
- 328    - 415    - 238    - 327    - 239
-----    -----    -----    -----    -----
```

Escribe con palabras la decena completa anterior y posterior.

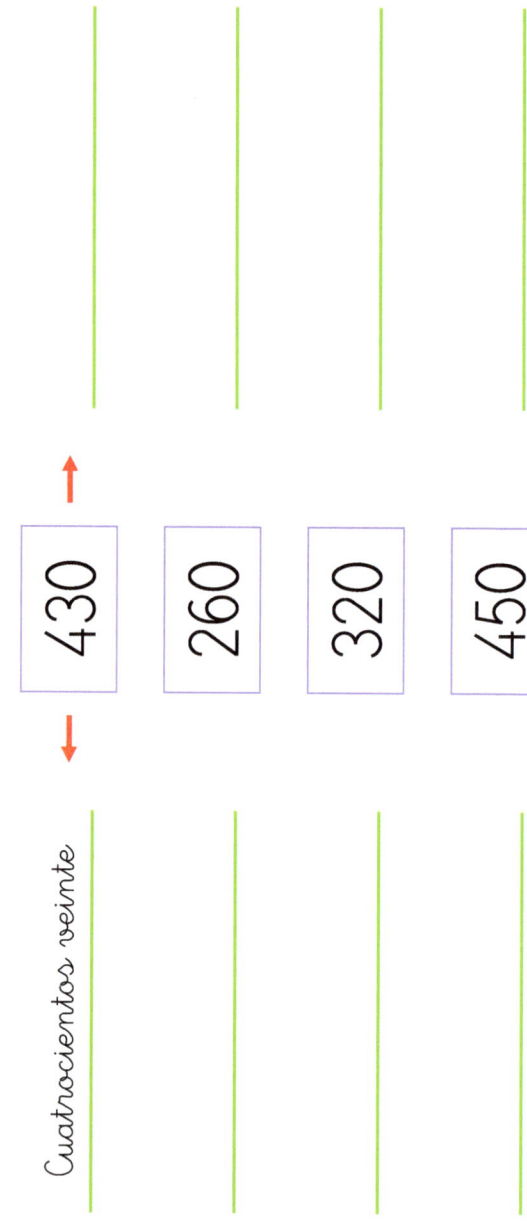

Cuatrocientos veinte

Redondeo. La decena y la centena.

Completa.

42 redondeado a la decena es ......

67 redondeado a la decena es ......

54 redondeado a la decena es ......

36 redondeado a la decena es ......

230 redondeado a la centena es ......

580 redondeado a la centena es ......

740 redondeado a la centena es ......

810 redondeado a la centena es ......

Resta con llevadas.

```
  63      61      94      85      62
- 36    - 25    - 57    - 19    - 47
----    ----    ----    ----    ----

  83      72      74      85      91
- 46    - 28    - 38    - 29    - 49
----    ----    ----    ----    ----
```

Completa las series.

53, 48, ...
32, 27, ...
62, 59, ...

Escribe el número representado.

CENTENAS	DECENAS	UNIDADES	Número
OOO	OO	OOOO	324
OO	OOOO	OOOOO	245
OOOO	OOO	OOO	433
O	OOOOO	OO	152
OO	OOO	OOOOOOO	237
OOOOOOO	OOO	OOOO	734
OOOO	OOOO	OOOOOOOOO	449
O	OOOOO	OOO	153
OOO	OOO	OOOOOO	336
OOOO	OO	O	421
OOO	OOOOOOO	OOOO	374
OOOOO	OO	OOOOOOOO	528
OOO	O	O	311

Completa.

Centenas	Decenas	Unidades

326

Centenas	Decenas	Unidades

427

Centenas	Decenas	Unidades

753

Calcula y completa.

$85 - \square = 76$

$54 - \square = 45$

$\square - 5 = 54$

$\square - 2 = 42$

$33 - \square = 29$

$86 - \square = 70$

$\square - 7 = 31$

$\square - 4 = 65$

Resta con llevadas.

```
  701        544        733        677        792
- 326      - 215      - 538      - 549      - 473
-----      -----      -----      -----      -----
```

Escribe con palabras la decena completa anterior y posterior.

340

250

480

430

Redondeo. La decena y la centena.

Completa.

87 redondeado a la decena es ......

24 redondeado a la decena es ......

48 redondeado a la decena es ......

92 redondeado a la decena es ......

720 redondeado a la centena es ......

340 redondeado a la centena es ......

670 redondeado a la centena es ......

460 redondeado a la centena es ......

Resta con llevadas.

```
  55     63     72     85     93
- 29   - 39   - 57   - 49   - 28
----   ----   ----   ----   ----

  73     41     64     95     81
- 27   - 19   - 56   - 67   - 75
----   ----   ----   ----   ----
```

Completa las series.

46	40							
33	29							
54	47							

Representa los siguientes números

CENTENAS	DECENAS	UNIDADES	
oo	oo	ooooo	225
			187
			432
			744
			512
			396
			235
			184
			623
			189
			923
			567
			421

Completa.

Centenas	Decenas	Unidades

106

Centenas	Decenas	Unidades

592

Centenas	Decenas	Unidades

249

Calcula y completa.

43 - ☐ = 29
48 - ☐ = 39

75 - ☐ = 68
49 - ☐ = 10

☐ - 2 = 47
☐ - 3 = 56

☐ - 4 = 74
☐ - 5 = 62

Resta con llevadas.

```
  723      672      784      235      792
- 614    - 425    - 156    - 118    - 365
-----    -----    -----    -----    -----
```

Escribe con palabras la decena completa anterior y posterior.

250	↑↓
330	
440	
120	

_____

_____

_____

_____

Redondeo. La decena y la centena.

Completa.

29 redondeado a la decena es ……

46 redondeado a la decena es ……

73 redondeado a la decena es ……

91 redondeado a la decena es ……

730 redondeado a la centena es ……

880 redondeado a la centena es ……

340 redondeado a la centena es ……

210 redondeado a la centena es ……

Resta con llevadas.

```
  94    82    65    73    82
- 67  - 46  - 39  - 49  - 26
----  ----  ----  ----  ----

  74    42    65    76    91
- 27  - 29  - 38  - 49  - 76
----  ----  ----  ----  ----
```

Completa las series.

51	46						
35	31						
62	58						

Escribe el número representado.

CENTENAS	DECENAS	UNIDADES	
oooo	ooooo	o	451
ooo	oooo	ooooo	
ooo	ooo	oo	
o	oooo	oo	
ooo	ooo	ooooooo	
oooooo	ooooo	oooo	
ooo	ooo	oooooooo	
o	oo	ooo	
ooo	ooooo	oooooo	
oooo	oo	o	
ooo	ooooo	oooo	
oooo	oo	ooooooo	
ooo	o	o	

www.ingramcontent.com/pod-product-compliance
Lightning Source LLC
Chambersburg PA
CBHW040831180526
45159CB00001B/144